AF232976

4°S
3139

... & ARCHIVES

DES

...THÈRES DE ...

MAISON

... concession de ...

PAR

...IS HYVE...

...INGÉNIEUR CIVIL (O. A. ...)

... de Maisons. — ... la concession de la Bourse...
... du district minier de ... — ... Sérédaire
... IV. Archives des mines de Las Scorbos.
... d'Antimoine de ... dans la commune de ...

... DESSINS ET GRAVURES HORS TEXTE

ARCHIVES

DU

DISTRICT ANTIMONIEUX ET CUPRIFÈRE

DE LA

BOUSOLE ET DE MAISONS

———

DON
178993

4°S
3139

DISTRICT MINIER DE LA BOUSOLE ET DE MAISONS

DÉPARTEMENT DE L'AUDE

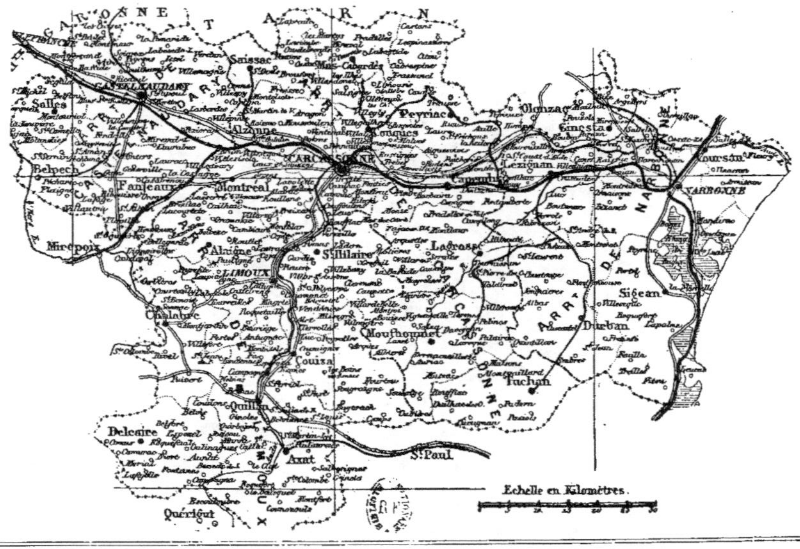

Le point bleu indique la position du district.
Le trait rouge représente la voie ferrée qui aboutit au voisinage du district et le raccorde au Chemin de fer du Midi.

LE DISTRICT

Antimonieux et Cuprifère

de la BOUSOLE et de MAISONS

I. GÉNÉRALITÉS

A. District de Maisons.

LE district antimonieux de Maisons et de Palairac dépend des deux cantons de Mouthoumet et de Tuchan, arrondissement de Carcassonne.

Situé au centre des Corbières, il a été le siège de riches exploitations minières à l'époque romaine. On en extrayait l'or, l'argent, le cuivre et l'antimoine ; de nombreux vestiges accusent encore cette ancienne prospérité.

Depuis ces temps reculés jusqu'à nos jours, ce centre minier complètement isolé au milieu du département de l'Aude, loin de partout, privé de chemins de grande communication et de voies ferrées, était demeuré inactif, lorsque le Conseil Général de l'Aude s'émut de cette situation et décida la création du réseau des Corbières.

« Le canton de Mouthoumet, disait, le 30 Septembre 1895, M. le Sénateur « Gauthier, (depuis Ministre des Travaux Publics), se trouve par suite de la « difficulté des transports et l'absence de voies rapides, complètement isolé du « restant du département, vivant de sa vie propre, sans commerce et sans « industrie. Il en est de même du canton de Tuchan. Nulle région ne mérite « davantage la sollicitude du Conseil Général, car nulle région n'est plus « déshéritée, alors que, pourtant, **son sol recèle des richesses minières « innombrables**, richesses improductives, inexploitées et devant le rester tant « que la ligne de chemin de fer ne sera pas construite. »

A la suite de la vigoureuse campagne entreprise par le sénateur Gauthier, la création d'une ligne ferrée fut décidée et le décret d'utilité publique a été rendu en Mai 1898.

Les travaux, rapidement conduits, ont été terminés en 1901, et les lignes, livrées depuis peu, donnent entière satisfaction aux intérêts économiques des Corbières.

Désormais, l'exploitation de ces Mines, déjà favorisée par le relèvement des cours de l'antimoine et la création de nouveaux débouchés industriels, pourra prospérer, grâce à la facilité et à l'économie des moyens de transport.

Le district antimonieux qui nous occupe, comprend la concession de la Bousole et les gisements communaux de Maisons.

B. La concession de la Bousole.

LES montagnes qui s'élèvent au Nord-Ouest de Maisons, dans la Chaine des Corbières, entre les deux villages de Palairac et de Maisons, sont les dépendances immédiates du mont Tauch, à la croupe septentrionale duquel elles se relient.

Elles sont généralement formées d'une roche calcaire, à partie dolomitique ou schisteuse. On y trouve aussi des nodules de silex et quelquefois des marbres rouges, malheureusement fissurés et, par suite, impropres à l'exploitation, passant à l'état de calcaires marneux ou de marnes rutilantes du terrain garumnien.

Ainsi que l'explique notre carte, les assises de ce district appartiennent essentiellement au terrain dévonien, servant d'appui à la zône triasique de Montgaillard.

La concession de la Bousole a été accordée le 27 avril 1838 à MM. Paliopy et Henri Ribes. Elle comprend une superficie de 37 hectares et s'étend sur le territoire de la commune de Palayrac.

Voici le texte de l'ordonnance royale instituant la concession de la Bousole :

ORDONNANCE

DU ROI

———— ·◇· ————

27 Avril 1838

LOUIS-PHILIPPE, Roi des Français, à tous présents et à venir, Salut.

Sur le rapport de notre Ministre Secrétaire d'Etat au département des Travaux publics, de l'Agriculture et du Commerce :

Vu la demande formée le 20 Novembre 1835, par MM. Paliopy et Ribes, tendant à obtenir la concession des mines d'antimoine, cuivre, argent et autres, situées au Col de la Bousole, dans la commune de Palairac, département de l'Aude ;

Le plan et les extraits des rôles à l'appui ;

L'affiche du 18 janvier 1836 et les certificats de publications ;

Le n° du 9 janvier 1836 des *Affiches et Annonces de la ville de Carcassonne* ;

L'acte d'association passé le 8 novembre 1825, entre MM. Paliopy et Ribes ;

Le rapport de l'ingénieur des mines, du 22 juillet 1837, approuvé le 9 août suivant par l'ingénieur en chef des mines ;

L'avis du Préfet de l'Aude, du 25 août 1837 ;

L'avis du Conseil général des mines, du 22 février 1838 ;

Notre Conseil-d'Etat entendu, nous avons ordonné et ordonnons ce qui suit :

Article premier. — Il est fait concession à MM. Jean Paliopy et Henri Ribes, des mines d'antimoine, cuivre, plomb, argent et autres métaux contenus dans les mêmes gîtes, existant au Col de la Bousole, commune de Palairac, département de l'Aude.

Art. 2. — Cette concession, qui prendra

le nom de *Concession de Bousole*, est limitée. conformément au plan annexé à la présente ordonnance, ainsi qu'il suit. savoir :

Au Nord, par une ligne droite partant du Sarrat de Pierre Couverte, et aboutissant au Sarrat de la Demoiselle ;

A l'Est, par une ligne droite allant du Sarrat de la Demoiselle au Sarrat de Pierre-Picade ;

Au sud, par une ligne brisée composée de deux lignes droites partant du Sarrat de Pierre-Picade, passant au Sarrat de la Jacquette et aboutissant au Rocher de l'Espinassière ;

A l'ouest, par une ligne brisée formée également par deux lignes droites partant du Rocher de l'Espinassière, passant au naissant de l'eau de la Canal et aboutissant au Sarrat de Pierre couverte, point de départ.

ART. 3. — Le droit attribué aux propriétaires de la surface par les articles 6 et 42 de la loi du 21 avril 1810, sur le produit des mines concédées, est réglé à une reute annuelle de dix centimes par hectare.

Cette rétribution sera applicable toutes les fois qu'il n'existera pas à ce sujet de conventions antérieures entre les concessionnaires et les propriétaires de la surface. S'il existe de telles conventions, elles seront exécutées, pourvu toutefois qu'elles ne soient pas en opposition avec les règles qui seront prescrites, en vertu de la présente ordonnance, pour la conduite des travaux souterrains, dans la vue d'une bonne exploitation. Dans le cas contraire, les dites conventions ne pourront donner lieu, entre les parties intéressées, qu'à une action en indemnité, et la rétribution restera déterminée ainsi qu'il est dit au commencement du présent article.

ART. 4 — Les concessionnaires paieront en outre aux propriétaires de la surface les indemnités déterminées par les articles 43 et 44 de la loi 21 avril 1810, pour les dégâts et la non jouissance de terrains occasionnés par l'exploitation des mines.

ART. 5. — En exécution de l'article 46 de la loi du 21 avril 1810, toutes les questions d'indemnités à payer par les concessionnaires à raison de recherches ou travaux antérieurs à la présente ordonnance, seront décidées par le Conseil de préfecture.

ART. 6. — Les concessionnaires paieront à l'Etat, entre les mains du receveur de l'arrondissement de Carcassonne, les redevances fixes et proportionnelles établies par la loi du 21 avril 1810, conformément à ce qui est déterminé par le décret du 6 mai 1811.

ART. 7. — Les concessionnaires se conformeront exactement aux dispositions du cahier des charges qui est annexé à la présente ordonnance, et qui est considéré comme en faisant partie essentielle.

ART. 8. — Il y aura particulièrement lien à l'exercice de la surveillance de l'administration des mines, en exécution des articles 47, 49 et 50 de la loi du 21 avril 1810 et du titre II du décret du 3 janvier 1813, si la propriété de la concession vient à être transmise d'une manière quelconque à d'autres personnes par les concessionnaires. Ce cas arrivant, les nouveaux propriétaires de la concession seront tenus de se conformer exactement aux conditions prescrites par la présente ordonnance et par le cahier des charges y annexé.

ART. 9. — A toutes les époques où la concession sera possédée par une société, cette société sera tenue de désigner par une déclaration authentique faite au secrétariat de la préfecture, celui de ses membres ou toute autre personne à qui elle aura donné les pouvoirs nécessaires pour correspondre en son nom avec l'autorité administrative et en général pour la représenter vis-à-vis de l'administration, tant en demandant qu'en défendant.

ART. 10. — Dans le cas prévu par l'article 49 de la loi du 21 avril 1810, où l'exploitation serait restreinte ou suspendue sans

-cause reconnue légitime, le Préfet assigne-ra aux concessionnaires un délai de rigueur qui ne pourra excéder six mois. Faute par les concessionnaires de justifier dans ce délai, de la reprise d'une exploitation régulière et des moyens de la continuer, il en sera rendu compte, conformément au dit article 49, à notre ministre des travaux publics, de l'agriculture et du commerce, qui nous proposera s'il y a lieu dans la forme des règlements d'administration publique, la révocation de l'acte de concession sous toutes réserves des droits des tiers.

Art. 11. — La présente ordonnance sera publiée et affichée, aux frais des concessionnaires, dans la commune de Palairac, sur laquelle s'étend la concession.

Art. 12. — Notre Ministre Secrétaire d'Etat des Travaux publics, de l'Agriculture et du Commecce, et notre ministre Secrétaire-d'Etat des Finances sont chargés, chacun en ce qui le concerne, de l'exécution de la présente ordonnance, qui sera insérée par extrait au Bulletin des Lois.

Fait au palais des Tuileries, le 27 avril 1838.

Signé : LOUIS-PHILIPPE.

L'Ingénieur Vène, chargé d'instruire la demande en concession avait émis un avis favorable :

« Il résulte de l'inspection des lieux, disait-il, que **la dite mine d'antimoine fait partie d'un filon considérable** qui a été l'objet d'exploitations anciennes dont on voit des traces au point même où se découvre le gîte d'antimoine. Ces exploitations avaient vraisemblablement pour objet, non pas un minerai d'antimoine, mais bien des **minerais de cuivre et de plomb argentifère** lesquels, dans cette contrée, sont mélangés de beaucoup d'antimoine. »

Pendant les deux ou trois années qui suivirent l'établissement de la concession, la mine fut exploitée et le minerai traité sur place dans un four spécial, suivant un procédé décrit dans les traités de métallurgie, sous la désignation de « méthode de Carcassonne ». On trouvera plus loin, dans les cartulaires de Maisons, quelques renseignements sur cette question.

En 1841, le revenu net des Mines de la Bousole, base des redevances proportionnelles à été fixé à 12.500 francs [*Mahul* Vol. III p. 425].

Dès 1842, l'exploitation était suspendue à la suite de circonstances économiques, étrangères au régime de la mine. Depuis cette époque, jusqu'a nos jours, les travaux n'ont plus été repris et tous les documents techniques, plans, registres de l'avancement, etc., ont complètement disparu.

Vers 1873, Caillaux écrivait.

« La mine du Col de la Bousole confine à la commune de Maisons et appartient à la commune de Palayrac. On y a travaillé dans ces dernières années

« et on en a extrait une assez grande quantité d'**antimoine très argentifère,**
« contenant **100 grammes d'argent aux 100 kilos.**

« L'envahissement des eaux, les éboulements survenus, la nécessité de créer
« de nouveaux travaux ont probablement motivé la suspension de ceux que l'on
« faisait alors. »

Enfin, l'ingénieur Esparseil s'exprime ainsi : (*Bull. S. S. de l'Aude,* tome
VII, 1896).

« On voit que l'éminent ingénieur Vène, considère cette concession comme
« faisant partie d'un filon considérable. En effet, la visite de ces lieux nous a
« permis de remarquer :

« 1° **Trois affleurements de minerai, encore vierges de tous travaux ;**

« 2° Une ancienne galerie aboutissant aux anciens travaux ;

« 3° D'autres mines anciennes, dites de l'Aiguille, dirigées E. O. vers l'une
« des limites de la concession dite « Peyro Picado » :

« 4° Enfin l'ouverture des travaux entrepris par la Compagnie Paliopy.

« Nous sommes descendus dans l'ancienne galerie, mais nous n'avons pu
« pénétrer que jusqu'à un vaste éboulement qui doit marquer la limite sur ce
« point de l'ancienne exploitation.

« Cette galerie est dirigée N.O-.S.E. ; elle forme avec les bancs schisteux un
« angle de 50°.

« La roche dont il est question, est un schiste noir argileux, compact, à pâte
« fine, à lames parallèles, difficile à soutenir en galerie d'exploitation sans le
« secours de solides boisages. Vers le jour, le schiste devient noduleux.

« Les analyses des minerais d'antimoine du col de la Bousole ont donné
« **14,5 % de plomb** et **120 grammes d'argent aux 100 kilos de minerai,**
« soit **1200 grammes d'argent à la tonne.** Cette analyse a été faite par scori-
« fication, fonte avec flux noir et coupellation.

« **La richesse en argent de ce minerai doit appeler l'attention des exploi-**
« **tants ou des chercheurs de mines**...

« .... Il y aurait un grand intérêt à reprendre ces exploitations, qui n'ont été
« pour ainsi dire qu'effleurées et qui doivent donner des résultats avantageux,
« si l'antimoine se maintient aux cours actuels (1896) ou si le métal précieux
« reprend son ancienne valeur. »

Depuis que ces lignes ont été écrites par le distingué minéralogiste Esparseil, président de la Société d'Etudes Scientifiques de l'Aude, le régime métal-

durgique s'est amélioré et, non seulement les cours du métal de guerre (l'antimoine) ont dépassé toutes les prévisions, à la faveur des armements incessants
de toutes les puissances civilisées ; mais les métaux précieux, de plus en plus
raréfiés dans la circulation monétaire, au point d'aggraver sérieusement la
crise américaine, sont en hausse sensible et, comme s'il ne suffisait pas de tous
ces avantages pour justifier la réouverture des mines des Corbières, les récents
et brillants succès des recherches aurifères en France, dans l'Armorique; autour
du Plateau Central, dans la Montagne Noire, en Languedoc, ont mis en évidence
l'étroite relation qui relie la venue filonienne du précieux métal avec certaines
formations arsenicales ou antimonieuses analogues à celle de Maisons et qui
fourniront vraisemblablement au monde, après l'épuisement des placers et l'ap-
pauvrissement des gisements d'or classiques, les réserves inespérées de l'avenir

Nous ne parlerons que pour mémoire de la récente interdiction de la céruse
qui ouvre de nouveaux débouchés aux dérivés de l'antimoine (¹) et il nous
suffira, pour terminer, d'attirer l'attention sur la situation géographique spéciale
de la concession de la Bousole, au voisinage immédiat de plusieurs gîtes
antimonieux très intéressants et qui peuvent être englobés dans une extension
de périmètre.

Il nous parait, en effet, beaucoup plus logique de demander et infiniment plus
facile d'obtenir l'extension du territoire de la Bousole (39 hect.), qu'une concession spéciale des gisements voisins.

Le programme des nouveaux exploitants devrait donc consister dans l'aména-
gement de l'ancienne mine de la Bousole pour y établir la base administrative
d'une Société de recherches, visant la mise en activité des mines de Las
Corbos, de Ste-Marie et de La Canal, et leur groupement en une même
concession.

(1) V. Crise du Plomb, de G. HYVERT 1901.

II. CARTULAIRES

DU

DISTRICT MINIER DE MAISONS

—·◊·—

(Notes historiques communes aux différents gites de Maisons)

D'Hermine à une fasce fuselée
d'argent et de gueules

Armes de la Communauté de Maisons.
Armorial général du Languedoc.

ÉRIODE ROMAINE.

« Un filon qui en sort de même matière qu'eux, et vn gros d'al-
« bezon jaunâtre, qui en sort aussi, et qui communiquoient tous
« deux auec un troisième rognon, montroient clairement que le corps de
« la mine n'est pas loin de là. Ce qui résulte encore plus particuliè-
« rement de celle des ouvertures sus-mentionnées, qui en est la plus
« proche, appelée La Canal, par tous les gens du païs, et tenüe de
« tous pour vn ouvrage **des anciens romains :** cent mille francs parisis
« n'en feroient pas faire à présent vn pareil.

(Cæsar d'Arçons. — Advis sur les Mines Métalliques, p. 377-341-1667).

« Il existe au col de Coujse (Covisano) une mine d'argent que **les ouvrages d'art
« qui s'y voient annoncent avoir été fouillée par les Romains** ».

« L'immensité et la solidité des travaux préparés pour son exploitation, font
« présumer que **cette mine était riche en argent** et qu'elle peut être regardée

« comme un filon principal. Les filons qui se trouvent dans les grands ouvrages
« marchent du Sud au Nord ; ils ont de 78 à 80 degrés de pente. »

(Robert d'Arquettes. — État descriptif de Lagrasse 1800).

« Il paraît que les Romains ont attaqué la tête de ce filon qui est superbe. »
(De Barante, Préfet, Essai sur le Département de l'Aude, 1802.

« A trois kilomètres de Maisons, au fond d'un vallon qu'arrose le ruisseau de
« Las Canals, et dans la Montagne même d'où sortent les eaux mêmes de ce ruis-
« seau, est la mine du même nom, dont les travaux **sont attribués aux Romains,**
« suivant une opinion généralement admise et très fondée. »

(Trouvé, Préfet de l'Aude. — Statistique, 1818.)

OYEN-AGE :

Durant les désordres qui marquèrent la fin de l'Empire Romain et
les premières années du Moyen-Age, ces mines furent exploitées,
ainsi qu'en témoignèrent des monnaies anciennes trouvées dans les
chantiers et dont certaines ont paru provenir des ateliers de Narbonne ou de Perpignan ; mais nos archives minérales sont dépour-
vues de documents manuscrits sur ces époques lointaines. Ce district minier
donné, au IXe siècle, par Charles le Chauve, à l'Abbaye de La Grasse, (¹) fut
disputé au monastère pendant les troubles qui agitèrent le XIIIe siècle ; mais
ce lieu fut définitivmeent confirmé à l'Abbaye et lui resta jusqu'aux derniers
jours de son existence. Les mines de ce territoire furent activement exploitées
dès l'époque Carlovingienne.

876. — Charte de Charles le Chauve, par laquelle il confirme audit monastère la possession des villages de Bouisse, Palayrac, Couize, Maisons. (Baluze
Concilia Galliæ Narbonensis, p. 67. *Registrum curiæ Franciæ*.)

« In nomine sanctæ et individuæ Trinitatis. Karolus ejusdem Dei omnipotentis mi-
sericordia imperator Augustus. Si servorum Dei, etc... Nouerit itaque, etc.,. quod Song-
fredus abbas manasterij S. Marie de loco qui dicitur Urbionis, sito in confinio Narbo-
nensi et Carcassensi, ad nostram assesserit clementiam deprecans ut super donationes,

---

(1) L'Abbaye de Lagrasse, de l'ordre de St-Benoit, fut fondée par l'Abbé Nimphridius, en un lieu
alors nommé Novallas, situé au bord de la rivière d'Orbieu, dans les montagnes des Corbières, au
Midi de Carcassonne et de Narbonne.
Par une charte, à la date de 778, Charlemagne confirma cette fondation et l'abbaye fut ensuite
gratifiée d'autant de territoire environnant qu'une mule pourrait en parcourir en un jour (*totam ter-
ram circumquaque quantum una mula poterit una die ambulare*).

emptiones, vel alias acquisitiones rerum ad jam dictum locum pertinentium, nostrum firmatilis gratia super addidissemus præceptum. Precipientas igitur jubemus, ut omnes ville, id est Buxiniacus (*Bouisse*) et Palairacus (*Palairac*), Cuvicianus (*Couize*) et Mansiones (*Maisons*) et villares cum omnibus possessionibus ad præfatum locum in quibuslibet comitatibus sint, in eodem loco juste et rationabiliter, per hoc nostrum pre. ceptum permaneant ; et ecclesiæ quæ in villis eorum sunt, in eorundem potestate similiter permaneant et immunitatem etiam nostram similiter habeant, sicut in nostro veteri præcepto continetur. Et ut hæc ita juste conserventur, manu nostra subter firmavimus et anulo nostro insigniri jussimus. » Signum Karoli gloriosissimi imperatoris Augusti. Novembris. Indict. decima. anno xxxvii. regni in Dei nomine feliciter. Amen. »

An **842.** — Charles le Chauve concède ce disctrict à Milon, son vassal : « ... *Miloni fideli nostro concedimus quasdam res juris nostri, jure proprietario ad possidendum, quæ sunt sita in pago Petræ Pertusæ...... Manciones...... Data VIII Kal. januar. anno tertio indict. V., regnante Karulo gloriosissimo rege ; actum Carisiaco regio palatio.* »

(Hist. Gén. du Languedoc. Pr. LVI. coll. 77.)

1128. — Reconnaissance par les seigneurs de Termes, des droits du monastère de La Grasse sur le territoire de Maisons, (*de Mansionibus*) ; ces seigneurs se reconnaissent vassaux de l'Abbaye et en reçoivent, à titre d'emprunt, **20 livres d'argent fin, au titre de Narbonne.** (*Quod est uerum quod nos recipimus a vobis prædictis et a monasterio antedicto viginti libras de plata fina argenti ad pensum de Narbona, quas nobis accommodastis de isto præsenti superveniente Martrore usque ad annum.*) Doat, vol. 66, fol. 245. Archives de l'Abbaye de La Grasse).

1191. — Sentence arbitrale, prononcée par Bertrand de Saissac, entre le vicomte de Béziers et les seigneurs de Termes, concernant la division **de la propriété des mines du district** : « *Petebat siquidem D. Rogerius ab istis supradictis et a particibus eorum, scilicet medietatem totius seniorivi* omnium minariorum *de* **Palairaco,** *et suorum terminum et omnium minariorum de Termenez ;......... quæ justicia et aliæ tres partes seniorivi omnium prædictorum et participium eorum in perpetuum, etc.* » *Anno a nativitate ejusdem M.C.XCI, XV Kal. decembris.* (Hist. Gén. du Languedoc, t. III, col. 171. Cartulaire de Foix)

1215. — Sentence arbitrale réservant une partie des droits d'albergues et de **minières** (*minariis*) à Alaim de Roci, seigneur de Termes. (Mahul Car. p. 419).

1259. — Béranger, abbé de La Grasse, concède à noble Olivier de Termes, la moitié des produits des **mines métalliques** (*venarum metallicarum*), à la condition que les mineurs (*fossoribus*) auront le droit de couper dans les forêts (*nemoribus*) d'Olivier tout le bois qui leur sera nécessaire **pour fondre l'argent** et le **séparer de sa lie**; et encore qu'après la mort d'Olivier, cette moitié des produits fera retour au monastère. « *In nemoribus terræ nostræ liceat scindere ligna et percipere, sicut eis fueril necessarium ad* DICTUM ARGENTEUM DEPURANDUM SIVE FUNDENDUM. » *(Gallia Christiana, t. VI, col. 952).*

(Fac-simile d'une vieille estampe du XVᵉ siècle) (¹).
Four de coupelle pour *fondre l'argent* et le *séparer de sa lie.*
V. ci-contre 1259.

XVᵉ siècle. — L'abbaye de La Grasse jouit des droits régaliens sur **les mines d'or et d'argent de Palayrac** (Livre Vert A., fol. 52. Archives de l'Abbaye).

« *Abbas Crasse per totam temporalitatem monasterij sui habet plenum jus*
« *fiscale sine regalia.*
« ...... *Habet* AURI FODINAS *et* ARGENTI *fodinas et pene omnium mettalorum,*
« IN INTERMINIO *cabri sui* DE PALAIRACO, *absque ulla redibitione super hoc pres-*
« *tanda D. nostro Regj. ant cuicumque alteri.*
« *Et de omnibus et singulis predictis habet monasterium privilegia apostolica,*
« *regalia; et de illis est in pacefica possesione et sayzina.* » (Doat, vol. 66, fol
287. Bibl. Imper M. ss.)

(Extrait de la Crise du Plomb de G. Hyvert.

1281-1602. — *Fief de Couize.* « Les hommages et dénombremens du fief
« servant de Couize ont été faicts aux abbés du monastère de Lagrasse, ez
« années 1281, 1361, 1394, 1540 et 1602, en conséquence d'un arrest du Parle-
« ment de Toulouse de la mesme année 1602. »
(Factum pr. l'Abbé de La Grasse, in-4°).

1538. — « Carron comensan à la bousole ques assise
« al pech de Caminilhou, de la se font la diuisions de la
« de Couisa, Maisons et Davejan, et daqui parten dreyte
« ligne à la Roque d'esquine d'azé, passan per las
« divizious del dit Couize, etc. » Recherche de Couise.
« (Livre noir, fol. 283. Arch. de La Grasse).

1602. *Sept. 4.* — « Jçan Bonnet fait hommage au
« sieur Abbé de La Grasse, de la maiterie noble de
« Couisa, scituée au dit lieu de Palayrac. »

[Arrêt de la Cour des Aydes sur le dénombrement
de 1687.]

1602. — « Les religieux de La Grasse possèdent un arrière-fief, au dit lieu
« de Palayrac, la maiterie de Couissan, tenue à foy et hommage, sous l'alber-
« gue annuelle de 6 liures cire, portable à la Noël et lods en cas de mutation. »
[Transaction retenue par Mirandol, notaire à Narbonne.]

XVIe siècle. — Fief de Couize. « Le fief de Couize est situé dans le territoire
de Palairac, la mine dans le territoire de Davejean. (Mahul, p. 422. V. III).

Le pays est continuellement troublé par les soulèvements intérieurs et les
incursions des Catalans. Les mines chôment.

« Item ont (les Religieux de La Grasse) la juridiction haulte, basse et moyenne
« *cum mero et mixto imperio* » du lieu de Palleyrac, qui est en pays limitrophe,
près du Roussillon vne lieue. laquelle jurisdiction ne vault guères, à cause des
ennemis du royaume qui courent souuent et donnent beaucoup de la turbe, et peut
valoir « *cum laudimijs et foriscapijs* » chascun an. . . . .   i liure.

Item vne maison de petite valeur, pour tenir la prison et recueillir les
esmolumens prouenant chascun an. . . . .   v sols.

Item deux charges de bled de tasques, valent. . . . .   ii liures

Item deux charges vin, valent. . . . .   xv sols.

Item la leude, vault. . . . .   ii liures.

Item vne forest, appellée La Drulhe, de petite valeur, à cause de la sté-
rilité du pays, et peut valoir chascun an. . . . .   x sols.

Item se pourroit vandre pour vne fois le dit Palayrac, (¹) compris le fief de Couize « *quod quidem feudum est paruj valoris et mouetur a monasterio predicto et possidetur per alium quam per monasterium* », septante deux liures dix sols (Dénombrement des biens et reuenus de l'Abbaye de La Grasse. *Livre noir*, fol. 48. — Archives de la Préfecture de l'Aude).

1655. — « Les régimens de Candale et de Pilloy se distinguèrent surtout par « les dévastations, par les sacrilèges dont ils se rendirent coupables à Palairac. » (Hist. Gén. du Mège, t. X., p. 101).

1660. *Circa.* — « Certaines personnes ayant asseuré le Roy et Monseigneur « de Colbert que s'il plaisait à Sa Majesté de faire travailler aux mines du Ca- « bardez et à celles de Lanet et de Dauejean, (¹) (Maisons et la Bousole), dans les « Corbières, en Languedoc, l'on en pourrait tirer, dans quatre mois et moyennant « vne dépense de 14.400 liures, 800 quintaux de plomb et 300 marcs d'argent, « outre le cuivre, la commission générale de l'entreprise fut donnée par S. M. à « M. le cheuallier de Cleruille ; et, à la suite, l'on me commit à la direction des « travaux qu'il y auoit à faire. » (César d'Arçons. — Du flux et reflux de la mer.)

An **1667.** — **Mine de plomb argentifère.** (¹) — Vn chasseur découurit cette « mine par la pesanteur d'vne pierre qu'il auoit amassée en cet endroit-là « pour la tirer à son chien. Et, en effet, comme nous y faisions creuser en deux « autres endroits tous proches du premier et de l'ancienne ouuerture, il s'y trouua d'abord « quantité de pierres toutes couuertes de terre fort humide, pesantes comme du plomb, « et qui estoient au dedans tout de pure matière. C'est ce que l'on appele extrà-filons, « pour ce qu'ils marquent que le filon intérieur qui les a produits au-dehors n'est pas « loin de là. Aussi y en trouvâmes-nous, à quelques pieds au-dessous, vn à chacun des « deux endroits ; et tous ces deux filons et celuy qui paroissoit encore dans l'ancienne « ouuerture estant suiuis dans le roc iusques à 3 ou 4 toises de profondeur, nous trouuâ- « mes qu'ils s'y réünissoient ensemble, et qu'ils éstoient précédez d'vn seul qui s'enfonce « directement en bas, ou plutôt qui en uient, et qui est petit et mêlé de beaucoup de « marbre. Cette mine est pourtant riche, car, selon les essays qui en ont esté faits par les « orpheures et par les fondeurs, *un quintal de sa matière donne dix onces d'argent*, mais « fort peu de plomb. Les deux cent quintaux que j'en laissay dans le magasin (lorsque la « fumée arsenicque qui sortoit des fourneaux où l'on commençoit à les fondres m'en fit « quitter la direction, sous le bon plaisir des puissances supérieures) donneront parcon- « séquent, si l'on a de bons fondeurs, 250 marcs d'argent, qui valent 7,000 liures, et « payeront toutes les susdites mines dans six mois, et qui ne montent qu'à 6415 liures, « selon le compte qui en a été rendu. » (*César. d'*ARÇONS. *Aduis et remarques sur les « mines métalliques*, pag. 335.) »

(1) On ne doit pas perdre de vue que le district qui nous occupe est situé au point d'intersection des communes de Davejan, Palayrac et Maisons.

An **1667**, — « Il s'y trouve quantités d'autres mines, tant de cuivre que de
« de plomb et mesme d'**antimoine**, dans le mesme pays des Corbières, où les
« grands travaux qu'on y avoit faicts autrefois, dans un long vallon appelé le
« Champ des Mines, paroissent encore en plusieurs endroits par la grande
« profondeur des ouvertures taillées dans le roc, par les décombrements, par les
« marcassites, et par la matière mesme qui s'y trouve parmy......

« La beauté de cette matière et de ces marcassites toutes azurées et vertes,
« me fit tenter l'endroit où il s'en trouvoit le plus et où Mr de Davejan, à qui
« le fonds en appartient, m'asseuroit auoir, en sa jeunesse, ueu travailler pen-
« dant trois années, des personnes qui **ne chercheoient que de l'argent**.

« Mais la quantité de la terre qu'on en tira et qui auoit été remüée, nous ayant fait
« juger que c'estoit vne mine à roignons, ie fis tirer à trauers, du pied et du talu de la
« montagne, vn fossé dans lequel nous commençâmes de découurir, à deux pieds de
« profondeur, vn merueilleux phénomène souterrain ; c'étoit l'vn des roignons de cette
« mine, auquel l'on n'avoit encore touché, et dont la grosseur et la beauté parurent d'au-
« tant mieux, qu'il se rencontra que la largeur du fossé n'en prenoit qu'vne moytié, et que
« ie fis laisser l'autre toute entière dans le bord escarpé qui le coupoit en deux, comme
« qui coupe vne orange. Il y auait plus d'un pied en diamètre, tout de pure matière cou-
« leur de bronze, et diuisée en plusieurs parties d'vne égale grandeur, mais justement
« vnies ensemble et couuertes de tout côtés, du plus éclatant azur qu'il soit possible de
« uoir, avec vn peu du uert et du jaune de pareil éclat. Vn globe de marbre épez de 4 ou
« 5 pouces, et couleur de foye, contenoit au-dedans de soy toute cette matière, et il étoit
« luy-même contenu et enuironné de toutes parts, premièrement d'vn demy pied de terre
« jaunâtre, aduste et toute brisée, et puis de plus de 2 pieds de terre grasse et humide,
« et disposée par couches différentes en couleur, et à l'entour les vues des autres selon
« l'ordre que je nomme icy leurs couleurs : pourpre, rouge, bleu uert, jaune, blanc et
« cendré, qui étoit la dernière en la circonférence de ce phénomène souterrain ; lequel
« auoit enuiron 6 pieds de diamètre, et ressembloit ainsi coupé par le milieu, à vne rose
« d'vne merueilleuse grandeur, et composée de toutes les plus belles et les plus viues
« couleurs de la nature. Ayant fait arracher tout ce roignon, et faisant suyure vne traî-
« née de cette terre aduste dont j'ay parlé et qui tiroit droit au pied de la montagne, elle
« mena les ouuriers à vn second roignon et puis à vn froisième, tous deux semblables au
« premier, mais beaucoup plus abondants en couleurs et en matière : il y en eut, en tout
« les trois, 20 quintaux. » Cæsar d'Arçons — (*ut supra.*)

1667. — « La matière est si fusible, que la mettant à lopins parmy les charbons
« dans vn fourneau à uent, elle y fond sans soufflets et coule presque **toute en ré-**
« **gule**. Elle fond dans le creuset avec la même facilité ; mais pour la faire précipiter
« et pour séparer les dix onces d'argent qu'elle donne par quintal, d'auec le peu
« de plomb et de cuivre qu'elle contient, et tout celà d'auec certaine autre ma-
« tière dont elle abonde et qui ressemble à de l'**antimoine,** il faut de l'industrie
« et des ingrédiens. »

« Les susdites ouvertures qui ont été faites en plusieurs endroits de la mon-
« tagne au pied de laquelle estoient ces roignons, vn petit filon d'albezon jau-
« nâtre, qui en sort aussi, et qui communiquoient tous deux auec le troisième
« roignon, montroient clairement, lorsqu'on fit quitter ce travail, que le corps
« de la mine n'est pas loin de là dans cette montagne, et qu'elle s'y trouvera
« plus riche et plus abondante. »

« Ce qui résulte encore plus particulièrement de celle des ouvertures sus-
« mentionnées, qui en est la plus proche, appelée **La Canal**, par tous les gens
« païs, et tenüe de tous pour un ouvrage des anciens romains : cent mille fr.
« n'en feroient pas faire à présent un pareil (1667). Il est au pied de la montagne,
« tout creusé dans le roc, ayant 6 pieds de haut et autant de large.

« J'y suis entré jusqu'à 350 pas de profondeur à plein pied : les personnes
« qui me conduisaient, et qui auaient été 20 ans auparavant, reconnurent aux
« grands décombremens qu'on y voit rengez à droite et à gauche et qui bou-
« chent d'autres ouvertures, qu'on y auait depuis beaucoup travaillé.

« Elles me firent remarquer dans ce fond une autre ouuerture qui descend du
« sommet de la montagne, où elle paraît, en effet, quoyque bouchée, et qui a
« parconséquent plus de 200 toises de profondeur. Il est éuident que c'est par
« là qu'on auait ouvert cette mine, et que la bassse ouuerture où j'étois entré
« est l'abristol que l'on fit pour faire sortir les eaux qu'on y rencontra, et qui en
« sortait toujours comme une grosse source ; à laquelle l'on auait aussi creusé
« dans le roc, au fond de l'abristol, durant enuiron 50 pas, un canal large d'un
« pied, et tout couuert de pierres plates, afin qu'il n'empêchat pas le trauail. La
« grandeur de cet ouvrage et le reste de matière qu'y s'y trouuve en quelques
« endroits, montrent que c'était **une mine d'argent**.

« S'il y auoit encore quelque chose à faire, l'on en pourrait tirer tout le dé-
« combrement auec un petit bâteau qui en porterait plus d'une charretée à cha-
« que fois et qu'un homme seul conduirait jusqu'à 50 pas hors de l'entrée. »

(César d'Arçons, 1667. — Advis et remarques sur les mines métalliques.)

An **1737**, *Mars, 8.* — (Extrait des Régistres du Conseil d'Etat. (*Recueil des
Edils pour la Prov. de Languedoc).*

« Sur la Requète présentée au Roy en son Conseil, par les interesséz en la
« compagnie formée pour l'exploitation des mines étant dans les diocèses de
« Narbonne, d'Alet et de Pamiers, contenant qu'en vertu des concessions qui
« leur ont été données par M. le duc de Bourbon, Grand Maître des Mines, le
« 17 Mars 1734 et le 14 Juin 1736, sous le nom du sieur François-Guillaume

« Roussel, ils font travailler anx lieux de Maisons et aux environs, situez à 8
« lieues de Perpignan, à l'exploitation de différentes mines de cuivre et de
« plomb, pour laquelle les dits interessez ont déjà fait des avances considéra-
« bles dont ils ont tout lieu d'espérer le succès, etc., etc.

« Fait au Conseil d'Etat du Roy, tenu à Versailles, le 8ᵉ may 1737. »

An 1776. — (Extrait de Gensanne : *Histoire Naturelle du Languedoc*, t. II,
p. 186.)

« Toute la chaîne des montagnes entre Palairac, Maisons et Davejan, est
« remplic de mines de différentes espèces ; on en a travaillé quelques unes, dans
« ce siècle, près de Maisons : mais **un procès survenu entre les intéressés,**
« **a détermtné le Conseil d'Etat d'ordonner la suspension de ce travail qui**
« **depuis n'a pas été repris**. Nous allons rendre compte de ces différentes
« mines qui mériteraient une attention particulière, d'autant plus qu'étant tou-
« tes dans de fortes roches, elles n'exigent pas, pour leur étançonnage, des bois
« considérables, et que les fontes pourraient s'en faire avec du charbon de terre
« de Ségure, qui n'en est éloigné que d'une lieue et demie.
« Voici le nom des principales mines qu'on pourrait exploiter:
« 1° Les mines de cuivre et argent, aux lieux appelés **La Canale et Peyrecou-**
« **verte ;**

« 2° **Sarrat d'Empoix ;** celle-ci est fort riche en argent : le fond de la gale-
« rie est bouché par un mur fait à chaux et à ciment ; le nommé Sauveur Certa,
« qui y a travaillé, nous a assuré que lors de l'abandon, la mine d'argent avait
« deux pieds de minéral pur.

« 3° Une mine de plomb à l'**Abeilla**, dans le camps de Sirven ;

« 4° Au lieu de **Peisegul** (Pech-Agut ou Igut), un filon d'argent et cuivre.

« 5° Aux **Costeilles**, un très beau filon de mine d'argent, mêlé de blende
« (sulfure de zinc). Le sommet de ce filon avait été attaqué anciennement par
« les Romains ; et, en dernier lieu, ceux qui exploitèrent la mine de Sarrat
« d'Empoix, y commencèrent un puits qui n'a que 3 toises de profondeur et qui
« est rempli d'eau. Le même Certa nous a assuré qu'il y a au fonds de ce puits 2
« pieds ¼ de minéral mêlé de beaucoup de blende.

« 6° Au lieu appelé **Foussades** il y a une mine de plomb très pure.

« En général, toutes ces montagnes sont remplies de différents minéraux, sur-
« tout de mines d'argent et de mines de cuivre azur ».

(Gensanne. *Hist. Nat. du Languedoc*, t. II, p. 186).

An **1800**. — (Extrait de Robert d'Arquettes : *Etat descriptif du district de Lagrasse*, in-4°, Carcassonne An XI, p. 17).

« La mine de Maisons fut exploitée, il y a environ 50 ans, par une compagnie
« d'associés, qui firent d'abord de trop grandes dépenses pour les accessoires
« de l'objet principal. Les fonds, mal appliqués, manquèrent bientôt, et la socié-
« té finit par se dissoudre, après avoir duré environ 12 ans.

« Le filon de cette mine marche **du Sud au Nord :** il a **78° de pente** et près
« de **3 pieds de puissance ;** il se trouve dans une montagne **schisteuse** peu éle-
« vée.

« Au moment où les concessionnaires cessèrent leur entreprise, il y avait
« quarante ou cinquante mineurs qui travaillaient journellement, se relevant
« toutes les douze heures.

« On avait construit à Salvagines, fort loin de Maisons, des bocards et des
« fourneaux, pour broyer, laver et fondre le minerai ; les lingots provenant de
« cette fonte étaient portés à la Monnaie de Perpignan. »
(Robert d'Arquettes, an XI, p. 17).

An **1802**. — (Extrait de Barante, préfet. Essai sur le Dép. de l'Aude 1802).

« Mine d'argent — Amas de veines : direction du Sud au Nord, sur 78 à 80°
« de plongée ; située entre les villages de Maisons et de Davejan, au lieu dit
« **la Canal.** Cette mine a été exploitée par les Romains ; les ouvrages qu'ils ont
« faits sont encore parfaitement conservés.

« Cette mine doit être considérée comme un filon principal sur lequel on
« peut aisément parvenir et qui est susceptible d'être avantageusement exploité. »
(De Barante, fol. 10 et 11.)

(Extrait de Barante, fol. 12 et 13). « **Mine d'argent ;** allié de plomb : argent
« 5/800 + le plomb nécessaire pour la fonte ; située à 2.200 toises du village ;
« a été anciennement exploitée.

Mine de cuivre. « Minerai de la plus belle apparence ; en filons ; direction du
« S. au N., à 1500 toises au N. de Maisons, dans la montagne de Pech Agut ;
« a été découverte depuis peu d'années. Ce filon a plus de 5 pieds de puis-
« sance ; ils n'est pas exploité quoiqu'il puisse l'être facilement, avec la certi-
« tude d'un bénéfice considérable. » (De Barante).

An **1818**. — (Extrait de la *Statistique de l'Aude* du Baron Trouvé.)

« A trois kilomètres de Maisons, au N. du village, au fond d'une vallée qu'ar-

« rose le ruisseau de **La Canal** et dans la même montagne d'où sortent les eaux
« de ce ruisseau, est la mine du même nom, dont les travaux sont attribués aux
« Romains, suivant une opinion généralement admise et très fondée. Il ne reste
« plus aucun vestiges de l'extraction, mais on trouve quelques fragments de
« chaux carbonatée, cristallisée, dispersée dans le ruisseau ou sur les bords,
« lesquels appartiennent probablement à la langue de ce minerai. Ces frag-
« ments offrent la variété rhomboïdale aplatie, ou rhomboïde inverse de M. le
« professeur Haüy. Tout porte à croire que cette mine et celle de Ste Marie sont
« sur le même filon ; or, rien ne serait plus propre à inspirer de la confiance à
« des entrepreneurs que la reconnaissance d'un filon réglé sur une si grande éten-
« due. Il reste encore de précieux monuments de l'antique établissement métal-
« lurgique, auquel la mine de Las Canals a donné lieu: on voit, à peu de
« distance de l'entrée d'une galerie, et sur le cours du ruisseau, deux fourneaux
« qui doivent avoir servi à la fonte du minerai ; un aqueduc, qui existe encore
« en partie, amenait l'eau à ces fourneaux.

« On trouve aussi, outre des scories diversement coloriées et à l'état d'émail
« plus ou moins opaque, des meules qui servaient, dans ces temps reculés, au
« broiement de la gangue. » (Baron Trouvé, *Statistique*, p. 115.)

An 1833. — (Extrait de l'*Annuaire de l'Aude*. Notice Minéralogique, p. 90)

« Dans les communes de Davejan et de Maisons, le terrain de **schisto-argi-**
« **leux** qui forme la masse des montagnes, est coupé par plusieurs filons d'épais-
« seurs diverses, contenant les minéraux suivants, en proportions variables :
« cuivre gris argentifère ; cuivre sulfuré, pyriteux, carbonaté ; plomb sulfuré ;
« fer oxydé et pyriteux ; chaux carbonatée et quartz ; sur quelques uns de ces
« filons, on voit des galeries et des puits, restes d'anciens travaux. Il paraît, en
« effet, que du temps de l'occupation des Gaules par les Romains, ces mines ont
« été exploitées ; plus tard, les travaux ont été repris et abandonnés plusieurs
« fois, et au moment de la révolution de 1789, une compagnie, dite Royale,
« les tenait en activité. On ne connait pas les causes qui les ont fait abandonner,
« mais on peut **présumer de leur richesse et de leur importance,** par la
« fréquente reprise des travaux et aussi par la **grande étendue sur laquelle**
« **ces filons ont été reconnus** ; et cela fait vivement regretter que depuis cette
« dernière époque, ces mines n'aient pas attiré l'attention des capitalistes de ce
« pays. (*Ann. de l'Aude 1833*, p. 90.)

An 1835. (Extrait des *Annales des Mines*, t. VII, p. 553. Examen des Cuivres
argentifères du département de l'Aude, par M. P. Berthier).

« Le minerai de Coneilles, à Maisons, écrit l'Ingénieur P. Berthier, se com-
« pose de cuivre gris confusément cristallin, de parties métalliques d'un blanc
« argentin et d'une matière pulvérulente noire, et il a pour gange du sulfate de
« baryte et de la chaux carbonatée ferrifère : on l'a lavé à l'augette avec le plus
« grand soin et on a recueilli pour les essayer, le résidu métallique et le schlick
« boueux que l'eau tenait en suspension. La partie métallique pure donne 6, 25
« de plomb avec 20 p. de litharge, et quand on ajoute 0,40 de nitre, elle n'en
« donne plus que 2,25.

« Le plomb laisse 0,005 d'argent à la coupellation, ce qui équivaut à 8 onces
« par quintal, poids du marc.

« Les boues se composent principalement de sulfure de cuivre et de sulfure
« plomb ; elles donnent 5 p. de plomb avec 20 p. de nitre. Le plomb laisse à la
« coupellation 0,0025 d'argent, ce qui équivaut à 4 onces au quintal, poids du
« marc. (Extrait du Rapport de l'Ingénieur P. Berthier.)

An 1839. — (Extrait de l'*Annuaire de l'Aude*.)

« La mine de plomb et d'antimoine argentifère de Maisons a été entreprise
« par M. Lamard, des Pyrénées-Orientales. Des travaux de recherches, pour-
« suivis pendant plusieurs années, sont actuellement interrompus. Il est proba-
« ble qu'ils seront bientôt repris par une compagnie. »

1841. — « La Société Paliopy a entrepris également des travaux de recher-
« ches sur la mine d'antimoine de Maisons, depuis plusieurs années. » Idem,
« p. 214.

1839. *20 Avril.* — Arrêté autorisant la Cie Paliopy à faire des fouilles dans
la commune de Maisons.

1859. *24 Octobre.* — Concession des vacants communaux à MM. Gaillard e
Tenezy pour la recherche des gîtes minéraux.

1871. *2 Octobre.* — Autre concession à M. Ravailhe, banquier à Alby.

1873 et 1874. *16 Janvier.* — Demande en concession de Jules Van de Win-
kele dans le même but.

1875. *Mai.* — Autorisation accordée à M. Van de Winkèle.

1886. — (Note de P. G. de Rouville, professeur doyen de la Faculté des
Sciences de Montpellier.

« La région de Montgaillard renferme divers gîtes métallifères qui ont été
« exploités. On y connaît deux faisceaux de filons barytiques et quartzeux, l'un
« dirigé E. O., l'autre N. S., principalement barytique ; ces filons sont assez
« riches en cuivre gris argentifère, avec des traces d'or dans les filons quart-
« zeux...... Des travaux ont été effectués à diverses époques dans cette région,
« surtout pendant le moyen-âge.

« Les gîtes de Maisons se rattachent au groupe des filons de Motgaillard.
« Berthier a analysé différents minerais des environs de Maisons se rapportant
« à du cuivre antimonieux non argentifère, du cuivre gris, du plomb antimonial,
« avec une petite quantité d'argent et des traces d'or. Ces minerais, recueillis
« près de Conneilles et de Ste-Marie, aux environs de Maisons, ont pour gangue
« le quartz, la barytine et la chaux carbonatée ferrifère. » (Explication de la
Carte Géologique de l'Aude.)

1890. *(Circa).* Contrat d'association : Gaillard, Thenezy, Hyvert.

Dès les premières années de cette association, M. Hyvert fit effectuer des
fouilles sur les différents points du district en vue d'une demande en extensions
de périmètre de la concession de la Bousole.

Les nouvelles limites proposées par les demandeurs étaient les suivantes :
Au N. E. par une ligne allant du pic de Conneilles, point A, au point B, point de
rencontre de la droite A F avec *bc* de la concession de la Bousole ; du point B
au point C commun à l'ancienne concession et à la nouvelle ; du point C au point
D, par la ligne *cd*, limite au S. E. de l'ancienne concession ; du point D au
point E, point de rencontre de la droite A F avec le côté *dc* de la concession de
la Bouzole ; du point E au point F, point de rencontre des chemins de Maisons
à Palairac et de Tuchan à Davejan ; au S. E. par une ligne allant du point F au
point G, point de rencontre du chemin de Maisons à Palayrac avec le méridien
équidistant (des méridiens) du point E précédent et du Rocher de la Demoiselle ;
du point G au point H, village de Maisons ; au S. O. par une ligne allant du
point H au point I, bergerie située au point de rencontre de la rivière de Maisons
avec son affluent, le ruisseau de las Claous ; du point I au point J, point de
contact d'une droite allant du pic de Conneilles au Pech Raounes, avec un cer-
cle tangent décrit du point I ; enfin au N. O. par une droite allant du point J au
point A ; les dites limites indiquées par le contour A, B, C, D, E, F, G, H, I, J,
réprésentant une superficie de 308 hectares, 30 ares, 25 centiares.

Diverses circonstances économiques firent abandonner ce projet aux demandeurs.

MINES DE LA BOUSOLE ET DE MAISONS

Géologie et topographie du district

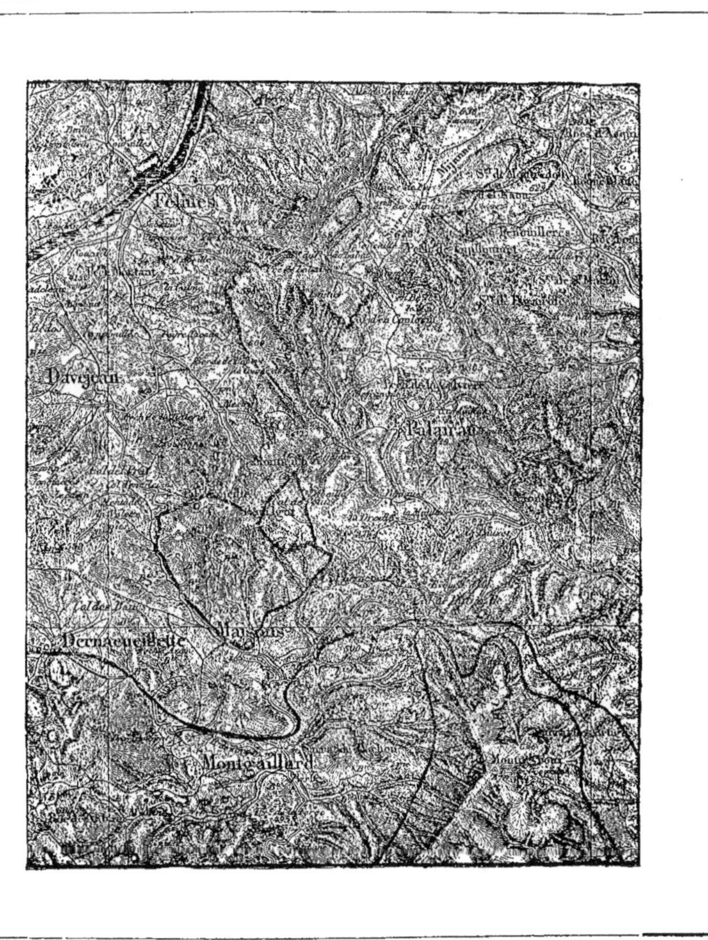

Echelle $\frac{1}{80,000}$

LEGENDE

Voie ferrée.	Terrain **Dévonien**, (Schistes, **calschistes** et calcaires dolomitiques).
Chemins reliant le district à la voie ferrée.	**Infra lias, Keuper.** (Cargueules, marnes et gypses bariolés).
Concession de **La Bousole.**	**Urgo-Aptien.** (Calcaires compacts à Toucasia Carinata, bauxite, dolomie).
District de **Maisons.**	

1893. *Mai-Juin.* — Exploration des gisements du district par G. Hyvert.

(Visite aux mines de La Canal; découverte d'un aqueduc romain et des ruines d'une ancienne usine métallurgique; visite de la grotte de Peyre-Couverte; reconnaissance d'un affleurement de barytine massive au niveau de la grotte et à 50^m au-dessus de la source de La Canal; observation d'une chute hydraulique de 10^m, à 50^m de l'orifice; exploration, au S. E. de La Canal, de l'affleurement d'un chapeau de fer; (les dites visites effectuées en compagnie de MM. Mestre, minéralogiste, Valent, instituteur de Maisons, et de l'ouvrier mineur Thomas.)

An **1896**. — (Extrait du *Bulletin de la S. S. de l'Aude*, Rapport de M. Esparseil.)

« Il y a quelques années, M. Hyvert recherchant des minerais de plomb pour
« les mêler à ceux de sa concession et les passer ensemble au fourneau, devint,
« par acte authentique, l'associé de M. Thenesy......

« Nous croyons que le système d'épanchement métallifère se rattache à celui
« de Padern et Montgaillard et que des **travaux entrepris à Maisons**, comme
« on les a commencés, donneraient des satisfactions sérieuses aux actionnaires
« qui voudraient se charger de cette affaire. » (M. Esparseil. *Bulletin de la Société d'Etudes Scientifiques de l'Aude.*)

1897. — Note de M. A. Lacroix, Professeur au Muséum de Paris.

« La panabase a été exploitée autrefois dans divers filons :

« A Maisons (pic de Canneilles), la gangue de la panabase [4 $Cu^2 S, Sb^2, S^3$],
« est la barytine avec un peu de quartz. *(Minéralogie).*

1898. *20 Juillet.* — Lettre du maire de Palairac à M. G. Hyvert :

         « Monsieur l'Ingénieur,

« J'ai l'honneur de vous informer que je vous autorise à faire des recherches sur les
« terrains communaux de Palairac. notamment au lieu dit : « *Pierre Couverte* » à l'ex-
« ception des lieux dits la *Bousole, Montau, la Camp,* où se trouvent déjà des gisements
« concédés.

« Agréez, M. etc. » (*Archives* de Palairac.)

1907. *20 Janvier.* — Lettre du maire de Maisons à M. G. Hyvert.

« J'ai l'honneur de vous accuser réception de votre lettre du 17 courant. Je l'ai
« communiquée au Conseil municipal qui n'a pu bien préciser si un permis pour les
« mines vous avait été accordé, mais qui accepte, en principe, vos propositions pour
« une autorisation éventuelle dans le sens indiqué sur votre lettre précitée.

« Veuillez agréer, etc. » (*Archives* de Maisons.)

III. CARTULAIRE

MINES DE SAINTE-MARIE (*Maisons*)

OYEN-AGE :

En pénétrant en Septimanie, Charlemagne aurait dit à ses leudes qu'il allait marquer toutes ses victoires par la fondation d'autant de monastères dont les possessions couvriraient bientôt « *ce pays sauvage* ».

De ce nombre fut l'Abbaye de La Grasse (Crassa), primitivement établie, il est vrai, par l'Abbé Nimphridius, auprès de Novalias, sous le nom de St-Marie de l'Orbieu, et dont la fondation fut confirmée par une charte de Charlemagne des calendes de Février 778, écrite sur une écorce d'arbre, (¹) religieusement conservée dans les archives départementales.

Sous sa nouvelle et royale protection, la maison monastique de Ste-Marie, désormais abbaye de La Grasse, devint une des plus puissantes de l'Occitanie ; ses possessions s'étendaient jusqu'en Roussillon, et, non seulement elle eut le

(I) DE BARANTE. — *Essai sur le Département de l'Aude.*

bénéfice des droits régaliens et de censive sur les mines d'or et d'argent des Corbières, [1] mais la tradition locale lui attribue des ouvertures de mines pour son propre compte.

Dans le voisinage immédiat de l'Abbaye, et auprès du petit cours d'eau de la **Matte** dont la désignation est nettement significative, [2] existe l'ancien fief noble des **Argentiers.**

Peut être faut-il en déduire que les minerais précieux de Maisons furent traités en cet endroit pendant les premières années du Moyen-Age? Quoiqu'il en soit, les revenus des mines, selon une opinion admise, n'étaient pas étrangers à la richesse proverbiale du Monastère. Cette richesse devint telle, que lorsqu'au temps des abbés commendataires, l'abbaye de Ste-Marie de La Grasse fut devenue l'apanage habituel des cardinaux ou des prélats les plus en crédit, les familles nobles de la contrée essayèrent de s'approprier exclusivement son opulence.

Les exemples suivants, empruntés à la monographie de l'abbaye de Lagrasse par le docteur Degrave, [3] *démontrent la magnificence dans laquelle vivaient les religieux Bénédictins de ce riche monastère :*

« Dans un acte capitulaire du 16 août 1353, il est dit « que si les moines décédés laissent des tentures, ri_ « deaux, ornements de lit de drap d'or (*panno aureo*) ou brodés de soie,... ils « serviront à faire des ornements pour l'église... »

« En 1343 l'abbé Nicolas Roger, [4] reconnaît avoir reçu 7 cuillers en argent « ayant appartenu au prévôt de Nahuse; et autres deux coupes et 5 cuillers « d'argent de Sicard de Rochefort, etc... sans dérogation au droit consacré par « la communauté d'hériter de l'argent fabriqué :

« *Quod conventus debet recipere* ARGENTUM FABRICATUM A MONACHIS DEFUNCTIS. » [5]

« En 1415 l'abbé Guy donne au monastère sa vaisselle d'or et d'argent. »

(1) V. Cartulaires de Maisons, ci-dessus. p. 13-16. Années 1191, 1215, 1259.

(2) On appelle **matte** la substance résiduelle, généralement riche en métaux précieux, et qui provient d'une première fusion des minerais.

(3) *Bull. Soc, Et. Scient. de l'Aude 1907.*

(4) Nicolas Roger, abbé de La Grasse, seigneur de Rosiers était issu d'une noble famille du Limousin et oncle paternel du Pape Clément VI. Il aurait eu comme successeur, à La Grasse, Raymond II d'Aigrefeuille, de la même famille de Roger et religieux de St-Martial de Limoges, au moment de sa nomination.

(5) On peut déduire de cette expression que les moines étaient parfois chargés de la mise en œuvre du métal précieux.

Doat, vol. 68, p. 129. (*Archives Nationales*), fournit une énumération détaillée de cette somptueuse donation.

L'histoire monastique du Moyen-Age ne renferme aucune indication précise sur la participation de l'abbaye de Lagrasse dans l'exploitation directe des Mines des Corbières et nous n'avons d'autres documents généraux à signaler que ceux déjà réunis dans le Cartulaire de Maisons; mais il est suffisamment établi par les textes, que la région de « Maisons » (*Mansionis*) contribuait largement aux bénéfices de la « Manse » Conventuelle de Ste-Marie de Lagrasse, et les ouvrages miniers, entrepris sur ce point, sous la haute tutelle de l'Abbaye, furent placés sous la même invocation, d'où l'appellation actuelle de « Ste-Marie » conservée aux travaux voisins du ruisseau de « La Canal », sur la limite occidentale de la concession de la Bousole,

ÉRIODE Moderne :

An 1776. — « La mine de Sarrat d'Empoix, près de Ste-Marie,
« est fort riche en argent : le fond de la galerie est bouché par un
« mur fait à la chaux. Le nommé Sauveur Certa, qui y a travaillé,
« nous a assuré que, lors de l'abandon, **la mine d'argent avait deux**
« **pieds de minéral pur.** »

«... Aux Costeilles est **un très beau filon de mine d'argent** mêlée de
« blende. Le sommet de ce filon avait été attaqué anciennement par les
« Romains ; et, en dernier lieu, ceux qui exploitèrent la mine de Sarrat d'Em-
« poix, y commencèrent un puits qui n'a que 2 toises de profondeur, et qui est
« rempli d'eau. Le même Certa nous a assuré qu'il y a au fond de ce puits
« 2 pieds 1/2 de minéral, mêlé de beaucoup de blende. »

(Gensanne, *Hist. Naturelle du Languedoc*, tom. II, p. 186).

An 1802. — « Mine en filons. Toit et parois : roche calcaire et schiste : gan-
« gue schisteuse ; direction N. S. sur 78° d'inclinaison ; cette mine, située à
« 1.500 toises de Maisons et connue sous le nom de Ste-Marie, était exploitée,
« il y a environ 54 ans, par la Compagnie Prival, Latour et Thorain, dont la
« concession fut annulée par arrêt du Conseil d'État. **Le filon, au moment de**
« **la cessation des travaux, avait près de 3 pieds de puissance.** On ignore
« quel était son produit à la fonte ; mais on est autorisé à croire que l'exploita-
« **tion de cette mine peut être reprise avec profit.** »

(De Barante, préfet, *Essai sur le Département de l'Aude*, fol. 8, 9).

An 1802. — « Un filon de la plus belle apparence, dirigé du N. au S. tra-
« verse la montagne de Pech Agut, à 1500 toises au N. de Maisons. Cette mine
« a été découverte depuis peu d'années. **Le filon a plus de 5 pieds de puissan-**
« **ce ; il n'est pas exploité quoiqu'il puisse l'être facilement, avec la certitude**
« **d'un bénéfice considérable.** »

(Extraits de de Barante. *Essai sur le Département de l'Aude*).

An 1818. — « Dans un mémoire de M. Lemonnier, de l'Académie des Scien-
« ces, inséré sous la date de 1739, dans la collection des anciens minéralogistes,
« il est fait mention des mines de Maisons. **Les filons étaient réputés riches**
« **en cuivre, en argent, en plomb, etc.**

« Les Montagnes qui s'élèvent au N. et à l'E. de Maisons, entre ce village et

« celui de Palairac, sont des dépendances immédiates du mont Tauch, et se
« lient à sa croupe septentrionale.

« Ces montagnes sont généralement composées d'une roche calcaire (chaux
« carbonatée compacte, à pâte fine), d'un gris bleuâtre, fissile et séparée par
« feuillets, à la manière des schistes ; dans la plupart des bancs, cette roche est
« fortement pénétrée d'oxyde de fer, et elle se divise alors avec la plus grande
« facilité.

« Les mines connues sous le nom de Ste-Marie, qui se trouvent dans la
« composition de ces bancs, offrent pour variétés, outre le fer fortement oxydé,
« le cuivre carbonaté bleu, le cuivre carbonaté vert, le cuivre gris argentifère,
« le cuivre pyriteux, **peut-être aurifère** ; enfin le plomb sulfuré.

« On prétend qu'au fond du travail qui est sous l'eau, **le minerai était masssif
« et très riche.** » (Baron Trouvé, préfet, *Statistique de l'Aude*, p. 115).

An 1823. — « Dans la montagne dite Pech de la Picoutière un sieur Avy de
« Limoux rouvrit en 1823, une de ces anciennes galeries... Ce filon *présente un
« certain intérêt* **et il est regrettable qu'il soit délaissé.** » (Esparscil. *Bull.
S. S. de l'Aude 1898.)*

An 1835. — (Extrait du *Mémoire de l'Ingénieur*, P. Berlier, inséré dans les
Annales des Mines, t. VII, p. 553.)

« Le minerai de **Ste-Marie** a été ramassé sur les haldes provenant d'une an-
« cienne exploitation : il est lamellaire ou cristallisé confusément, d'un gris
« brillant irisé ; ses gangues sont le quartz, la baryte sulfatée et la chaux car-
« bonatée ferrifère.

« Après qu'il a été purifié par le lavage, il donne 5 p. de plomb avec 20 p.
« p. de litharge, et 2, 2 p. lorsqu'on ajoute 2 p. de nître. Le plomb laisse à la
« coupellation **0,005 d'argent, contenant une trace d'or,** ce qui équivaut à
« 8 onces par quintal, poids de marc.

« Le minerai ne perd par le grillage que 0,04 de son poids ; la matière grillée
« fondue avec du flux noir, donne 0,49 d'un alliage métallique grisâtre et cassant,
« dans lequel le cuivre domine, et qui contient en outre, du plomb et **de l'anti-
« moine.**

« Lorsqu'on traite cette même matière grillée par l'acide sulfurique affaibli,
« la liqueur renferme tout le cuivre et une petite quantité d'argent : et le résidu,
« qui se compose d'antimoine et de sulfate de plomb, et qui pèse 0,55, produit
« avec le flux noir, 0,30 d'antimoniure de plomb argentifère.

« Le minerai de Ste-Marie, purifié par le lavage conserve toujours une certai-
« ne quantité de carbonate de chaux ferrifère, en partie décomposée ; on l'en-
« lève facilement en faisant bouillir le schlich avec de l'acide oxalique, qui dis-
« sout le fer, et lavant ensuite de nouveau pour expulser l'oxalate de chaux qui
« se forme en même temps. En traitant le minerai, ainsi purifié, par l'acide muria-
« tique bouillant, il y a grand dégagement d'hydrogène sulfuré, et il se dissout
« de l'antimoine et du plomb. Le résidu se compose de grains métalliques d'un
« gris pur et d'une petite quantité de gangue pierreuse, et pèse 0,625.

« On a trouvé ce résidu approximativement composé de :

Cuivre et argent 0,390
Antimoine 0,240
Soufre 0,235
Gangue 0,135

        1000

« Nombres qui conduisent à la formule $9\,Cu\,S + 4\,A\,S^3$

« Il est probable, d'après ces expériences, que le minerai de Ste-Marie est un
« mélange de sulfure de plomb antimonial et de sulfure de cuivre antimonial,
« et non pas une bournonite. »

(P. Berthier. — *Annales des Mines*, t. VII).

An **1838**. — « Arrêté qui autorise la Cie Paliopy à faire des fouilles dans la
« commune de Maisons aux mines de **Ste-Marie**. » *(Archives* de Maisons).

An **1839**. — Même arrêté, même but.

An **1859**. — Concession des vacants communaux pour la recherche de gîtes
minéraux à MM. Gaillard et Thenezy.

An **1872**. — (Extrait de Caillaux, *Minéralogie de la France*).

« A la montagne du Puits, attenante aux deux précédentes, on voit un grand
« puits, actuellement comblé jusqu'à l'orifice, à 40 mètres environ au-dessus du
« ruisseau de la Canal ; une galerie à mi-côte ; enfin, au niveau du ruisseau, une
« galerie d'écoulement nommé **Ste-Marie**.

« En remontant le ruisseau de la Canal, au-dessus de Ste-Marie, on retrouve
« une autre galerie à peu près comblée dont le sommet seul émerge des ébou-
« lements.

« D'après la tradition locale actuelle, cette galerie aurait été exécutée ancien-
« nement pour aller chercher l'eau nécessaire à la population qui travaillait aux
« mines d'En Ponts ; quoiqu'il en soit de cette dernière opinion, **on ne peut mé-**
« **connaître que cet ensemble doive se rattacher à de très grands travaux**

« **anciens** dont nous ne voyons plus aujourd'hui que les vestiges. Les déblais
« qu'on y rencontre renferment des traces de cuivre gris et de la baryte sulfatée.
« On y voyait encore des scories et les vestiges de deux fourneaux ainsi que
« des meules dont la présence constate vraisemblablement que la plupart de
« **ces travaux furent exécutés avant l'invention du bocard, c. a. d. avant le**
« **seizième siècle.** »
(Caillaux. — *Mines de la France*, 1872, p. 454).

1890-1892. — Explorations du district par M. P. Hyvert.

Four chauffé par 3 foyers parallèles. (1)

1893. *Mai*. — Recherches reprises par M. G. Hyvert, avec l'autorisation du
Conseil Municipal et le concours de MM. Mestre, géomètre, et Valent, instituteur
de Maisons; découverte d'une variété minérale nouvelle (perles zonées de calcite
antimonieuse provenant d'une concrétion sphéroïdales autour d'un noyau de
stibine ou de valentinite.) Visite des travaux et relevé du plan des galeries.
V. Pl. III.

An **1896**. — (Extrait du *Bull. S. S. de l'Aude*. Rapport de M. l'Ingénieur
Esparseil sur le Régime Minéral.)

(1) **Extrait de la** *Technologie de l'Antimoine* **de G. Hyvert 1906.**

«Les montagnes qui s'élèvent au N. O. de Maisons, entre ce village et celui
« de Palairac, sont des dépendances immédiates du mont Tauch, à la croupe
« septentrionale duquel elles se relient.

« Dans ces montagnes, au lieu dit « Sarrat d'en Poutz » se trouve la mine de
« **Ste-Marie.** Nous n'avons pu pénétrer dans une galerie ancienne que jusqu'à
« la partie éboulée, qui doit marquer, sur ce point, la limite de l'ancienne exploi-
« tation. Cette galerie est dirigée vers l'Est, sur 7 heures de la boussole alle-
« mande ; elle forme un angle de 50 degrès avec la direction des bancs schisteux
« de la montagne, laquelle est de 10 heures 5 de la boussole, eu égard à la dé-
« clinaison de l'aiguille, à peu près N. S. avec une inclinaison de 75° vers l'Est.

« La roche intérieure est un schiste argileux à pâte fine, noir, compact, à la-
« mes parallèles. Cependant, vers l'Est, ce schiste est noduleux.

« Les quatre galeries du jour, de la mine de Ste-Marie, sont à peu près dans
« un même plan, qui coupe obliquement le revers de la montagne.

« **Les analyses donnent sur 100 kilos de minerai, 24 kil. de cuivre ;**
« **460 gr. d'argent ; l'or n'a pas été dosé.**

« Dans la montagne de la Picoutière, un sieur Avy, de Limoux, rouvrit en
« 1823, une de ces anciennes galeries sur le revers septentrional, à peu près à
« moitié de la hauteur.

« Cette galerie est percée en direction sur un filon composé d'une brèche à
« ciment argileux, de 20 centimètres de puissance, renfermant des mouches de
« pyrites cuivreuses.

« Cette brèche présente principalement dans sa composition des lames de
« chaux carbonatée, plus ou moins colorée d'ocre qui domine dans la pierre, et
« des noyaux de schiste argileux. Le filon se dirige sur 2 heures ⁵/₈ de la
« boussole. La direction des couches est N. E. S. O. avec une inclinaison de
« 80 degrés, de façon que l'angle du plan du filon avec celui des couches est
« d'environ 60 degrés.

« **Ce filon présente un certain intérêt et il est regrettable qu'il soit**
« **délaissé.**

1896. — (Extrait d'Esparseil, même ouvrage, 1896, p. 122).

« Au siècle dernier on a travaillé aux mines de « Maisons », **mais un**
« **procès survenu entre les intéressés, détermina le Conseil d'État à ordon-**
« **ner la suspension des travaux qui, depuis, n'ont pas été repris. »**

N. B. — Il y a effet, plus de 80 ans que ces mines sont inexploitées.

1896. — « La mine de Maisons (Ste-Marie) a été décrite « par Fournier,

« président du Conseil d'Administration du canton de Lagrasse, dans un rappor
« du 27 Brumaire, an VIII, adressé au Préfet de l'Aude. Voici ce qu'il en dit :

 « Cette mine a été exploitée par la Cie Privat, il y a environ 50 ans, au Sud
« de Maisons, dans la montagne schisteuse.

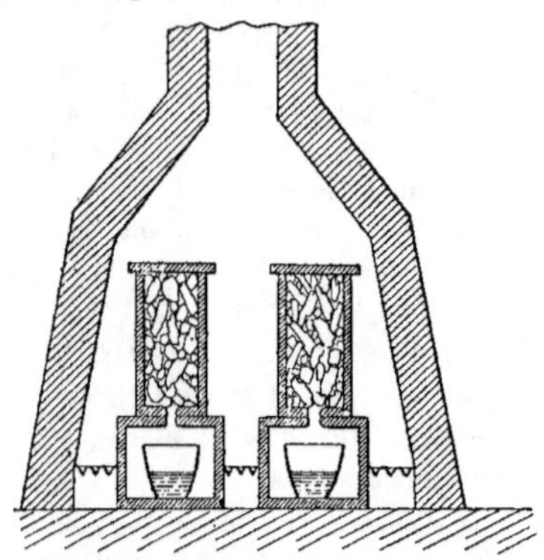

Préparation de l'antimoine CRU. (1)

 « Le **filon a 2 ou 3 pieds de puissance**. On avait construit des bocards et
« des fourneaux à Salvagines.

 « Cinquante mineurs y ont travaillé qui se relevaient toutes les douze heures.
« Plusieurs maisons avaient été aussi construites pour loger le Directeur et les
« fondeurs, **on portait les lingots d'argent, provenant de la fonte, à la**
« **Monnaie de Perpignan**. On avait fait de grands travaux pour explorer cette
« mine.

 « Lorsqu'on cessa ces travaux, les gens qui y travaillaient disent que le **filon**
« **pur avait près de trois pieds de puissance**. On ignore ce que ce minerai
« contenait d'argent par quintal. »

. . . .

 « Nous croyons, ajoute M. Esparseil, 1896, que ce système d'épanchement
« métallifère se rattache à celui de Padern et de Montgaillard et que des travaux
« entrepris à Maisons comme on les a commencés, mais avec une meilleure
« direction, donneraient des satisfactions sérieuses aux actionnaires qui
« voudraient se charger de cette affaire. »

 (Extrait du rapport de l'Ingénieur Esparseil sur *Le Régime Minéral de l'Aude*
à la Société d'Etudes Scientifiques de l'Aude, 1896).

(1) Extrait de la *Technologie de l'Antimoine* de G. Hyvert 1906.

1897. — Extraits de M. Lacroix, Professeur au Muséum d'Histoire Naturelle de Paris, — *Minéralogie de la France*. Tome II. p. 726.

« La panabase a été exploitée autrefois dans divers filons de l'Aude. A **Maisons**
« (Pic de Coneilles), la gangue de la panabase est la barytine avec un peu de
« quartz.

« Dans la mine de **Ste-Marie**, aux minéraux précédents se joint la calcite fer-
« rugineuse. »

Du même auteur, p. 723.

« **Analyse de la panabase** (¹) **des Corbières :** (par Berthier).

Soufre	25,3	
Arsenic	1,5	L'**Or** contenu n'a
Antimoine	25,0	pas été dosé.
Cuivre	34,3	
Fer	1,7	
Zn	6,3	(A. M. IX. 529. 1836)
Pb	3,2	
	98,0	

« M. Delage m'a signalé, en outre, la panabase dans les gisements de Padern..;
« Davejean. »

. . . .

« La stibine, en masses fibrolamellaires a, été trouvée dans divers gisements
« de l'Aude et notamment à Palayrac et à las Scorbos, près de Maisons. J'ai
« trouvé, dans plusieurs vieilles collections, des échantillons de ce genre qui sont
« indiqués dans la collection de Strasbourg comme provenant des Corbières.
« (Groth. Mineral Samml. 227).

(1) La **panabase** ou **cuivre gris antimonial**, peut être considérée (d'après de Lapparent) comme
un mélange de *(Ag Cu²)* ⁸ *Sb² S⁷ avec (Fe, Zn)⁴ Sb² S⁷* et traces de mispickel. C'est un véritable
minerai d'argent et de cuivre, renfermant quelquefois du platine (gisements alpins) et toujours de l'or.

IV. ARCHIVES

MINES DE LAS CORBOS

ÉRIODE MODERNE :

An **1776**. — « Aux Costeilles, près de Las Corbos, est **un très
« beau filon de mine d'argent, mêlé de blende**. Le sommet de
« ce filon avait été attaqué anciennement par les Romains ; et, en der-
« nier lieu, ceux qui exploitèrent la mine de Sarrat d'Empoix, y com-
« mencèrent un puits qui n'a que 3 toises de profondeur et qui est rem-
« pli d'eau. Le même Certa nous a assuré qu'il y a au fond de ce puits
« **2 pieds de minéral**, mêlé de beaucoup de blende.

(De Gensanne, *Hist. Nat. du Languedoc*).

1802. — « Il parait que **les Romains ont attaqué la tête de ce filon qui
« est superbe**. Il a été exploité dans ces derniers temps par la Compagnie
« Privat ; il avait à cette époque près de **2 pieds 6 pouces de puissance**. Cette
« mine mérite d'être recherchée. »

(De Barante, Préfet, *Essai sur le Dép. de l'Aude*).

1813. Février 7. — « Décret impérial portant concession au sieur Nicolas
« Arnald, propriétaire, domicilié à Tuchan, du droit d'exploiter la **mine d'anti-**
« **moine** existant dans la commune de Maisons, au Pech de las Serras et de
« **las Corbos**, sous diverses obligations. (*Mémorial Administratif de l'Aude*,
n° 232, 1813, t. IX, p. 307.)

1828, 13 Février. — « Renonciation du sieur Berlioz, cessionnaire du
« sieur Arnald, à la concession de la mine d'antimoine de « Las Corbos ».
« *Archives communales* de Maisons).

1836, *13 Juin* — « Arrêté Préfectoral autorisant le sieur Julien, minéralogiste,
« à faire des fouilles sur le territoire de Maisons, à l'endroit d'une mine de cui-
« vre argentifère. *(Archives* de Maisons).

1836, *28 Juin*.— « Demande en concession d'une mine d'antimoine par Paliopy
« et Ribes. »

(Archives de Maisons) ; *duplicata de l'affiche* :

PRÉFECTURE DE L'AUDE

Demande en Concession de la Mine d'Antimoine de *las Corbos*
dans la commune de Maisons.

AVIS AU PUBLIC

Le public est prévenu que, par pétition en
date du 1er avril 1836, reçue à la préfecture
le 7 du même mois, et enregistrée sous le
n· 113, les sieurs *Paliopy* et *Ribes fils*,
domiciliés à Carcassonne, ont demandé la
concession d'une mine d'antimoine située
au lieu dit *las Corbos*, commune de Maisons, arrondissement de Carcassonne ;
laquelle mine a été exploitée autrefois
successivement par les sieurs Berlios, de
Lagrasse, et Arnal, de Tuchan. Le périmètre qui servirait de limites à cette suc-
cession serait composé d'une suite de
lignes droites, partant du sommet appelé
Sarrat du Col de Vespo, allant de ce point
au *Sarrat du Général*, de là au *Sarrat de
Lazem*, de là au *Sarrat de la Garrigue*, de
là au *Sarrat de Plan-Paslou*, et de celui-ci
au *Sarrat de Col de Vespo*, point de
départ.

Pour se conformer aux articles 6 et 42 de
la loi du 21 avril 1810 et satisfaire aux
droits reconnus par ces articles, les péti-

tionnaires offrent de payer aux propriétaires de la surface une rente annuelle de dix centimes par hectare de terrain compris dans la concession.

Les pétitionnaires devront, en outre, en vertu des articles 43 et 44 de ladite loi, payer aux propriétaires du sol les indemnités pour dégâts et non jouissance des terrains occasionnés par l'exploitation.

Enfin, ils auront à payer les redevances fixe et proportionnelle dues à l'Etat, en vertu de l'article 33 de la loi précitée.

Le présent avis sera, avec la pétition, affiché, à la diligence de MM. les Maires et pendant quatre mois consécutifs, à Carcassonne, chef-lieu du département, de l'arrondissement et du domicile des demandeurs, et à Maisons, lieu de situation de la mine.

L'avis et la pétition seront en outre publiés devant la porte de l'hôtel-de-ville et des églises paroissiales, un jour de dimanche, à l'issue de l'office, et au moins une fois par mois, pendant la durée des affiches. Insertion en sera faite dans le journal du départemest.

Les oppositions et demandes en concurrence auxquelles la présente pétition pourrait donner lieu seront admises devant le Préfet du département, jusqu'au dernier jour du quatrième mois d'affiche, à compter de sa date ; elles devront être notifiées par actes extrajudiciaires à la partie intéressée, ainsi qu'à la préfecture, où elles seront enregistrées sur un registrée à ce destiné et qui sera ouvert à tous ceux qui en demanderont communication.

Immédiatement après l'expiration des quatre mois d'affiches et de publication, les Maires constateront l'accomplissement des formalités par des certificats qui feront connaître : 1° la date de la réception du présent avis ; 2° celle de l'affiche ; 3° la date de chacune des publications prescrites ; 4° les oppositions ou réclamations qui pourraient avoir été remises à l'autorité locale contre ou au sujet de la demande.

L'envoi de ces certificats sera fait à la préfecture, au plus tard dans le délai de huit jours, après l'expiration du quatrième mois d'affiche.

Carcassonne, le 17 juin 1836.

Le Préfet de l'Aude,
G. BOULLÉ.

Copie de la pétition adressée à M. le Préfet de l'Aude par les sieurs PALIOPY *et* RIBES, *enregistrée à la préfecture le 7 avril 1836.*

Carcassonne, le 1er avril 1836.

A Monsieur le Préfet
du département de l'Aude.

MONSIEUR LE PRÉFET,

Les sieurs *Jean Paliopy*, négociant à Carcassonne, et *Henri Ribes fils*, propriétaire à Limoux, ont l'honneur d'avoir recours à vous pour obtenir la concession *d'une mine d'antimoine argentifère* qui existe sur le territoire communal de la commune de Maisons, appelé *las Corbos*, dont l'étendue sera limitée ainsi qu'il suit: du *Sarrat du Col de Vespo*, point de départ. au *Sarrat du Général* ; de ce point au *Sarrat de Lazem* ; de ce point, au *Sarrat de la Garrigue* ; de celui-ci au *Sarrat de Plan-Pastou*, et de ce dernier point au *Sarrat de Col de Vespo*, point de départ.

Cette mine avait été accordée au sieur Arnal, de Tuchan, par décret du 7 février 1813. Par suite de la renonciation faite le 1er août 1826, par le sieur Berlios, de Lagrasse, cessionnaire du sieur Arnal, une ordonnance du Roi a été rendue le 13 février 1828, qui accepte ladite renonciation.

Les exposants s'engagent à payer à la commune et aux propriétaires de la surface, une rente annuelle de dix centimes par hectare de terrain compris dans la demande en concession.

Ils s'engagent en outre à se conformer aux lois, ordonnances, règlements et instructions rendus et à intervenir sur le fait des mines, qui leur seront transmis par l'Administration sur le mode à suivre pour l'exploitation, et de payer à l'Etat toutes les redevances de droit.

Ils auront le soin de produire avant l'expiration du délai des affiches de la pétition, le plan en triple expédition de la concession demandée, pour être vérifié par M. l'Ingénieur des mines, ainsi que la preuve de leurs moyens pécuniaires pour garantir une bonne et sage exploitation.

Les soussignés ont l'honneur, etc.

Signés, PALIOPY, RIBES fils.

Pour expédition certifiée conforme :
Le Conseiller de préfecture, Secrétaire général,
SICARD-BLANCARD.

1838. — « Mines d'antimoine et de plomb argentifère de « Las Corbos », com-« mune de Palairac et de Maisons: Paliopy et Cie. Acte social, 14 Mai 1838, « Dessaignes, notaire à Paris. »

1838. — « Menace d'un procès à intenter à la commune de Maisons par la Cie « Gary ; Paliopy rassure le maire de Maisons et se porte garant. »
21 Oct. 1838. (*Archives* de Maisons).

1839. *6 Nov.* — (Extrait du Rapport de l'Ingénieur des mines de l'Etat à M. le Préfet.)

« J'ai l'honneur de vous informer que depuis la demande en concession de la « mine de **las Corbos**, commune de Maisons, en date du 1er Avril 1836, la so-« ciété Paliopy et Cie a fait exécuter des travaux de recherches qui consistent « dans l'approfondissement d'une ancienne excavation, dans le percement d'une « galerie de traverse pour l'écoulement et de deux galeries d'allongement dans « le filon. **Ce dernier présente auprès de la surface une allure réglée.** « La galerie d'écoulement l'a traversé à 60 mètres de l'entrée, depuis l'orifice, et « les galeries ouvertes dans le filon ont 60 mètres environ de longueur totale. »

(E. Vène, Ingénieur des Mines de l'Etat).

1843, *Mai.* — Arrêté Préfectoral suspendant toutes les fouilles dans la commune de Maisons. (*Archives* de Maisons.)

1843, *Juillet.* — (Etat des travaux d'après l'Ingénieur de l'Etat, Jules François.)

« Depuis le mois de Juin 1842, les travaux sont interrompus. Ils consistaient « alors en :

1° Une galerie de recoupe et d'écoulement de 38 mètres ;

2° 3 galeries d'allongement, étagées à 9 et 15 mètres au-dessous du niveau de la galerie d'écoulement et ayant un développement total de 84 mètres courant et ouvertes sur **un filon de 0ᵐ60 de puissance moyenne;**

3° Un puits vertical de 15 mètres de profondeur, destiné à l'extraction et à l'épuisement.

4° 3 descenderies inclinées au gîte et reliant les galeries étagées.

« Le filon est à gangue de quartzite. »

27 *Juin* **1844.** — Procès-verbal de visite de la mine d'antimoine de **las Corbos** dressé le 27 Juin 1844, par l'Ingénieur des Mines de l'Etat : Ville).

« Les galeries des étages inférieurs sont inondées, les recherches étant in-
« terrompues depuis longtemps. Les travaux que j'ai poursuivis dans l'étage
« supérieur, sont dans un bon état, ils sont solides et bien aérés ; ils se compo-
« sent :

« 1° D'une galerie de 50 mètres de long servant au roulage et à l'écoulement
« des eaux, dirigée E. O. à travers des micaschistes qui courent N. 119° E. et
« plongent au N. E.

« 2° D'une galerie de 55 mètres de long, dirigée dans le filon d'antimoine, cou-
« pant la première sous un angle de 60°. Le sulfure d'antimoine y est en veines
« dans un quartzite. Tout le minerai qui était au-dessus de la galerie d'écoule-
« ment a été enlevé par les anciens, **la partie qui est au-dessous est encore**
« **vierge.**

« Cette galerie est bien placée. Son ouverture débouche au fond d'un ravin.
« La présence des eaux m'empêche de me prononcer sur le résultat de tous les
« travaux exécutés jusqu'à ce jour.

« Il y a lieu d'inviter le sieur Paliopy à épuiser les eaux des travaux contenus
« dans la mine et à faire connaître à l'Administration l'époque de l'assèchement. »
(Ville, Ingénieur. Rapport au Préfet. *Archives* de Maisons).

1872. — Autorisation de fouilles accordée par le Préfet à Van de Winkèle.

1872. — « Gensanne désigne cette mine sous le nom de « Costeils, » et il dit
« **très beau filon de mine d'argent mêlé de blende.** Le sommet de ce filon
« avait été attaqué par les Romains.

« C'est une petite colline cultivée auprès de Maisons. La tradition y signale,
« en effet, d'anciens travaux qui ne se manifestent aujourd'hui, (1872), que par

DISTRICT MINIER de LA BOUSOLE et MAISONS

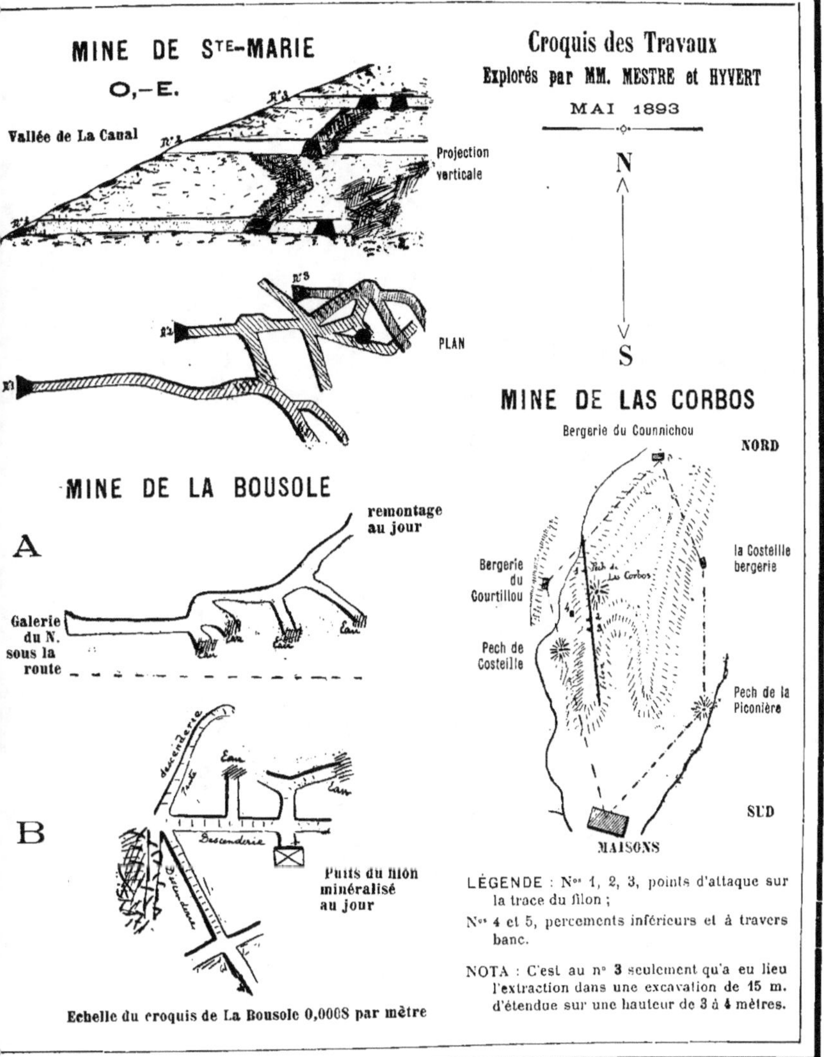

« des dépressions du sol et des cuvettes dans certains champs. De vieux pay
« sans se rappellent encore avoir vu combler d'anciens puits.

« La colline de **las Corbes,** auprès de la précédente, présente une galerie E. O.
« dans les schistes talqueux, poussée au niveau du ruisseau du **Courtillou** pour
« aller rejoindre le fond d'un puits dont l'orifice est à 16 mètres plus haut. Dans
« les déblais, traces de blende, fragments de baryte ; schistes noirs.

(Caillaux. *Mines de France 1872.*)

1875. *28 Mai.* — Autorisation de fouilles accordée par le Préfet à Van de
Winckele. (*Archives* de Maisons.)

1875. *Mars.* — Même demande de Hosch Louis et Boistel.

1889-1892. — Amodiation et exploration par P. Hyvert.

1893. — Exploration et prospection par G. Hyvert avec le concours de
MM. Mestre, géomètre et Valent, instituteur de Maisons. Visite du « Troc d'al
vif de Conneille » ; étude d'un affleurement à Pech Igut et exécution d'un travail
de recherches au fond d'un petit puits ; prospection de l'affleurement Marty, à la
jointure des schistes noirs et des calcaires et au bord du ruisseau du Courtillou,
à 50 mètres au N. de l'aqueduc d'arrosage. Visite de la mine de « las Scorbos »
sur la rive gauche du ruisseau. Voir la légende de la planche III.

1896. — (Extrait du Régime Minéral de l'Aude d'Esparseil. *Bull. Soc. Scien-
tifique de l'Aude).*

« Depuis le 13 **Février** 1828, jusqu'à nos jours (1896), il n'a été fait aucun
« travail de recherches sur cette mine.

« Le fourneau construit par le sieur Avy avait été établi sur l'emplacement
« formé par l'excavation du filon, dans la partie Ouest, la plus rapprochée du
« village de Maisons. Il consistait en un plan de 1 m. 60 sur 1 m. 50 non
« compris la chausse, qui avait de 40 à 50 centimètres de largeur et qui se trou-
« vait à l'extrémité longitudinale.

« La voûte du réverbère était élevée, au-dessus de la sole, de 4 m. 30 et la
« cheminée était à l'angle opposé du côté de la chauffe.

« On garnissait toute la sole du réverbère de creusets disposés au nombre
« de 38. Ces creusets étaient doubles, c'est-à-dire que la partie qui renfermait
« le minerai cru était percée, au fond, de trous communiquant avec un autre

« creuset, etc,. etc. *(suit la description du procédé classique dit de Carcas-*
« sonne.)

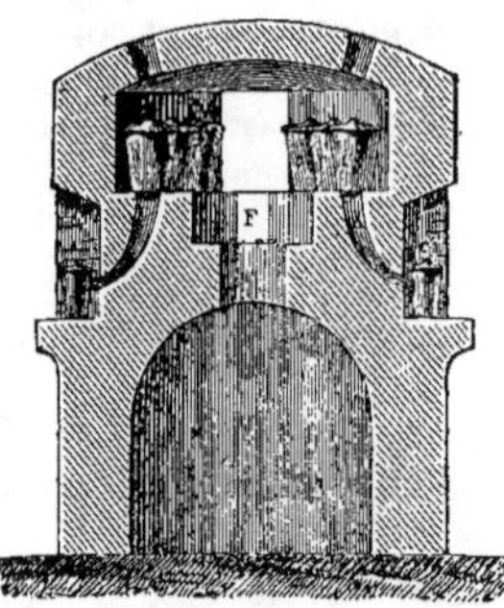

« Du mois de Juin au mois de décembre
« 1823, il fut fait sept fontes qui produisi-
« rent **2.660 kilos** d'oxyde d'antimoine. Ces
« fontes réussirent toutes ; il en résulta un
« sulfure homogène et bien aiguillé qui fut
« vendu 70 fr. les 100 kilos, livré à Carcas-
« sonne. »

Ce régule renfermait 700 grammes d'argent
à la tonne et, par une lacune certainement
regrettable, l'or ne fut jamais dosé. Il résulta
néanmoins de ce modeste essai de fusion un
bénéfice net de 60 fr. par tonne de régule.
Mais, aux cours actuels, et en tenant compte de tous les métaux précieux, l'opé-
ration eut été très rémunératrice.

C'est précisément ce que fait remarquer M. Esparseil, lorsqu'il conclut :

« L'abandon de la mine est d'autant plus regrettable que le régule d'antimoine a
« considérablement augmenté de valeur depuis qu'il a trouvé de nouveaux débou-
« chés dans la fabrication des projectiles du fusil Lebel.

« Aujourd'hui, l'antimoine est devenu, comme le plomb, un métal de guerre. Il n'y
« a donc pas à en négliger l'exploitation, attendu qu'il a un écoulement assuré à un
« prix rémunérateur, variant de 900 fr. à 1500 fr. la tonne, suivant les cours. »
(Esparseil 1896. *Bull. S. S. de l'Aude*).

1897. — Notes de M. Lacroix, Professeur de Minéralogie au Muséum.
Tom. II. Minéralogie de la France.

« p. 726. — La **Panabase** (1) a été exploitée autrefois dans divers filons de
« l'Aude. A **Maisons** (pic de Conneilles), la gangue de la panabase est la bary-
« tine avec un peu de quartz.

« p. 450. — La stibine, en masses fibro lamellaires, a été trouvée dans divers
« gisements de l'Aude et notamment à Palayrac et à la mine de **Las Scorbos**,
« près de Maisons.

---

(1) La **panabase** ou **cuivre gris antimonial**, peut être considérée (d'après de Lapparent) comme
un mélange de $(Ag\ Cu^2)^8\ Sb^2\ S^7\ avec\ (Fe,\ Zn)^4\ Sb^2\ S^7$ et traces de mispickel. C'est un véritable
minerai d'argent et de cuivre ; il renferme quelquefois du platine, (gisements alpins), et toujours de l'or.

« p. 483. — La galène a été rencontrée, dans un filon à gangue quartzeuse,
« à **Las Costeils** auprès de Maisons; à **Las Scorbos** dans le ruisseau du Cour-
« tillou. »

1898. *13 Septembre.*

Commune de Maisons, le 13 Septembre 1898.

« Monsieur Hyvert,

En réponse à votre lettre du 5 courant, j'ai l'honneur de vous informer
« que le Conseil municipal et moi en particulier sommes tout disposés à
« vous accorder telles autorisations que vous désirerez en vue de pour-
« suivre les fouilles dans les terrains communaux pour la recherche des
« minerais.

« Veuillez agréer, etc. » (*Archives* de Maisons).

1901. — Extrait de la *Minéralogie* de A. Lacroix, directeur du Muséum d'Histoire Naturelle de Paris. Tome III., p. 21.

« La Valentinite a été rencontrée à la mine de las **Scorbos**, près de Maisons,
« associée à de la stibine. Des Cloizeaux y a observé de petits cristaux nets du
« type III, présentant la forme x (1. 8. 28). consistant en troncatures linéaires
« dans la zóne $m\,e^{4}$. » (*Minéralogie de la France*).

V. Conclusions

NE première analyse superficielle de l'histoire économique des Mines Métalliques en France conduirait peut être à expliquer leur abandon, dès le Moyen-Age, par les fluctuations des cours et le renchérissement de la main-d'œuvre [1].

En réalité, il faut en rechercher les causes dans l'imperfection des moyens d'épuisement, de forage et d'aérage et surtout dans le régime d'oppression appesanti sur les entreprises minières pendant l'époque féodale.

Depuis l'établissement de la loi libératrice de 1810, les facilités du régime d'accession et les garanties offertes aux concessionnaires ont favorisé le réveil de l'industrie minière en général ; mais dans le cas spécial des gisements des Corbières, dans lesquels l'or et l'argent sont intimement associés à l'arsenic ou à l'antimoine, l'esprit d'initiative des exploitants devait être tenu en échec jusqu'au jour où la Science Métallurgique disposerait enfin, (1901-1908), de procédés sûrs et économiques pour vaincre les lois de l'affinité moléculaire et extraire les métaux précieux de leurs combinaisons les plus réfractaires au traitement chimique.

Il ne faut donc pas s'étonner si les gisements du district de Maisons sont demeurés en quelque sorte délaissés dans un complet abandon, depuis l'époque lointaine où l'insalubrité des fumées arsenicales obligeait le métallurgiste Cœsar d'Arçons, à suspendre les travaux entrepris dans les Corbières, sur les ordres de Colbert, avec le concours des finances de Louis XIV.

---

[1] A l'époque de l'arrêt des mines des Corbières, sous Louis XIV, il ne fallait pas moins de 83 journées de mineurs pour représenter la valeur d'un hectolitre de blé.

Pendant les deux derniers siècles, l'Art des Mines a fait d'immenses progrès et il n'est pas exagéré de dire que, grâce aux nouvelles découvertes et avec l'application des moyens puissants que l'on possède aujourd'hui, tels que la vapeur, l'air comprimé, les perforatrices, les pompes électriques, les poudres explosives nouvelles, le développement des voies d'accès, la valeur relative de ces gisements s'est notablement accrue, alors que, fort heureusement, leur valeur intrinsèque, déjà considérable et attestée par des témoignages aussi autorisés qu'irrécusables, scrupuleusement reproduits dans notre Cartulaire, s'est conservée intacte jusqu'à nos jours, à la faveur même des difficultés antérieures de l'exploitation.

Désormais, nous pourrons adopter sans hésitation les diverses opinions formulées par les savants : l'académicien Lemonnier, les minéralogistes d'Arçons et de Gensanne ; les écrivains de Barante, Robert d'Arquette, baron Trouvé, Mahul ; les ingénieurs des Mines, Berthier, Vène, Caillaux, Esparseil ; l'illustre géologue de Rouville ; l'ancien Ministre Gauthier, et qui peuvent être résumées ou condensées ainsi :

« I. — **Le sol de ce district renferme des richesses minières innombrables** (¹); II. **Le gisement concédé fait partie d'un filon considérable** (²); III. **Les filons du district sont riches en cuivre gris argentifère, avec des traces d'or** (³); IV. **Il est regrettable que ces mines soient délaissées** (⁴); **la richesse en argent des minerais doit attirer l'attention des chercheurs** (⁵); **leur exploitation donnerait des satisfactions sérieuses aux actionnaires** (⁶). »

(1) Gauthier, ancien ministre des Travaux Publics. (V. ci-dessus, page 8.)

(2) Ingénieur Vène, du service des Mines. (V. ci-dessus, p. 9.)

(3) De Rouville, Professeur doyen de la Faculté de Montpellier, 1886. (V. ci-dessus, p. 24.)
Caillaux, Ingénieur civil, Membre de la Société Geologique de France, 1875. (V. ci-dessus, p. 10.)
P. Berthier, Ingénieur Civil, 1896. (V. ci-dessus, p. 30.)

(4) Esparseil, Ingénieur civil, 1896. (V. ci-dessus, p. 33.)

(5) Baron Trouvé, Préfet de l'Aude, 1818, (V. ci-dessus, p. 30.)
M. Esperseil, Ingénieur civil. (V. ci-dessus, p. 10.)

(6) De Barante, Préfet de l'Aude, 1802. (V. ci-dessus, p. 29.)
M. Esparseil, 1896. (V. ci-dessus, p. 25.)

Table des Matières

Planches en couleurs et Gravures hors-texte

www.ingramcontent.com/pod-product-compliance
Lightning Source LLC
LaVergne TN
LVHW010324030726
842520LV00004B/1255